DIPL. BAUING. MAXIMILIAN JOSEF SCHRÖCK

HANDBUCH BAUÜBERWACHUNG

© 2020 SCHRÖCK Bau GmbH

Bibliografische Information der Deutschen Nationalbibliothek: Die Deutsche Nationalbibliothek verzeichnet diese Publikation in der Deutschen Nationalbibliografie; detaillierte bibliografische Daten sind im Internet über dnb.dnb.de abrufbar.

Herstellung: BoD – Books on Demand, Norderstedt

ISBN: 9 783751 956215

Inhalt

VORWORT

Eine ordentliche Bauüberwachung ist kein Hexenwerk und vor allem nicht nur den Profis vorbehalten, die ein passendes Studium und/oder eine entsprechende Ausbildung absolviert haben.

Klar ist, eine auf den Bau ausgerichtete Ausbildung ist sehr hilfreich bei der Klärung von technischen Baustellenproblemen. Diese können aber auch nach Rückfrage im Kollegenkreis im Anschluss an die Baubegehung geklärt werden. Eine Klärung von Dokumentationsproblemen und falscher Kommunikation auf der Baustelle ist nur sehr schwer, bis gar nicht mehr, möglich.

Meine Erfahrung in den vergangenen 25 Jahren hat gezeigt, dass nur ein geringer Anteil der zu lösenden Aufgaben tatsächlich rein technischer Natur ist. Die größten Differenzen ergeben sich aus psychologischen Problemen in Folge einer mangelhaften Kommunikation zwischen den Beteiligten sowie aus einer fehlenden Bauleitungsstruktur, insbesondere im Bereich der Dokumentation.

Durch eine systematische, tägliche Abarbeitung der immer gleichen Schritte vermeiden wir bereits die Entstehung einer Vielzahl von Problemen und Diskussionen.

Das vorliegende Buch ersetzt nicht die Kenntnisse im Bereich des Bauvertragsrechts, hierzu gilt es die einschlägigen Ratgeber zu beachten. Dieses Buch soll nicht nur jenen eine Grundstruktur vorgeben, die neu auf dem Bau sind, sondern auch den alten Hasen den einen oder anderen guten Ratschlag auf die Baustelle mitgeben.

SELBSTORGANISATION

Eine gute Selbstorganisation spart Zeit und Nerven.

Notizbuch zum Mitschreiben

Bei jeder Begehung, bei jeder Besprechung, bei jedem Termin findet der Austausch von Informationen statt. Niemand kann sich alle Details aus diesen Gesprächen über einen längeren Zeitraum merken. Daher arbeiten wir mit einem gebundenen Notizbuch. Dort wird zu Beginn einer jeden Besprechung auf einer neuen Seite das Datum und der Anlass der Besprechung notiert. Dann folgen Angaben zur Uhrzeit und zu den Namen der Teilnehmer. Im Anschluss wird der Inhalt des Besprochenen stichpunktartig aufgeschrieben, insbesondere das, was erledigt werden soll und was zugesichert wurde. Nichts schädigt das Vertrauen der Beteiligten mehr, als Zusagen, die nicht eingehalten werden.

Ein schönes Notizbuch und ein ordentlicher Kugelschreiber machen einen guten Eindruck bei allen Besprechungsteilnehmern. Dies signalisiert eine gute Selbstdisziplin und Organisation, das ist genau das, was wir brauchen.

Sollte es nun später erforderlich werden, auf Informationen des Gesprächs zurückzugreifen, so kann alles Relevante nachgelesen werden. Diese Notizen werden insbesondere auch im Rahmen einer juristischen Auseinandersetzung wertvoll und haben Dokumenten-funktion, wenn nachweisbar ist, dass diese Aufzeichnungen immer erfolgt sind.

Auftreten, Kleidung und Fahrzeug

Es gibt keine zweite Chance für den ersten Eindruck. Daher ist ein ordentlicher Gesamteindruck der eigenen Person sehr wichtig. Zwar sind wir nicht auf einer Modenschau, dennoch sollte die Kleidung ordentlich gewählt werden. Nicht zu extravagant, nicht zu lässig. Gut ist das Tragen der Firmenshirts. Vielleicht auch bei wichtigen Gesprächen mal die italienische Sonnenbrille in der Tasche lassen.

Die Erfahrung hat gezeigt, dass es nicht hilfreich ist, ein größeres Fahrzeug zu fahren, als es sich der Bauherr leistet. Dies sorgt für Neid und erschwert die späteren Preisverhandlungen. Den Sportwagen also nur außerhalb der Baustellenarbeit nutzen.

Derjenige, der unsere Rechnungen bezahlt, muss das Gefühl behalten dürfen, dass er der Größere, Wichtigere, Coolere ist. Wir sind in keinem Wettbewerb, sondern wollen einen Auftrag ordentlich abwickeln und sind hier Dienstleister.

Selbsterklärend ist darauf zu achten, dass bei den Gesprächen mit den Firmen, dem Bauherren und allen anderen beteiligten Personen keine Alkoholfahne in Erscheinung tritt. Dies gilt auch für Drogenkonsum. Die Bauüberwachung hat eine große Vorbildfunktion auf der Baustelle. Die Arbeit erschwert sich erheblich ab dem Zeitpunkt, an dem die Arbeiter/ der Bauherr / der Vorgesetzte den Respekt vor der Bauüberwachung verloren haben.

Vor den Firmen auf der Baustelle sein

Die Firmen merken sich genau, wann der Bauleiter auf der Baustelle erscheint. Ist das täglich erst um 10:00 Uhr der Fall, werden die Arbeiter auch erst kurz vorher erscheinen. Nichts macht eine Baustelle schneller, als eine durchgehende Präsenz der Bauüberwachung. Also schauen wir, dass wir vor den Firmen auf der Baustelle sind. Eine ordentliche Firma beginnt um 7:00 Uhr mit den Arbeiten, wir sollten gegen 6:50 Uhr da sein. Wenn möglich, sollte die Bauleitung auch erst nach den Firmen die Baustelle verlassen. Hierdurch kann sichergestellt werden, dass die Baustelle abgeschlossen ist, das Licht aus ist, dass die Baustelle aufgeräumt ist etc.

Schreibtisch aufräumen

So wie der Schreibtisch sortiert ist, so ist auch der Mitarbeiter sortiert, der an diesem sitzt. Deswegen sollten wir sehen, dass auch hier kein Chaos herrscht. Wir brauchen keine Zettel- und Planberge, sondern ein System, in dem wir das, was wir suchen, schnell finden können.

Alle Rechnungen werden sofort nach Erhalt mit einem Eingangsstempel versehen und in eine Rechnungs-Ordnungsmappe gelegt, dort geht nichts verloren.

Alles, was firmenrelevant ist, kommt sofort in den jeweiligen Firmenordner. Alles, was bearbeitet werden muss, kommt in eine extra Ordnungsmappe.

Besser als eine Ansammlung von einzelnen Zetteln und Notizen ist als Ergänzung eine DIN-A3-Schreibunterlage für alle Arten von Telefonnotizen.

To-Do-Listen

Um einen Überblick zu behalten, was wir noch zu erledigen haben und was schon erledigt wurde, arbeiten wir mit To-Do-Listen. Im Prinzip ist das ein DIN-A4-Blatt, auf dem wir der Reihe nach notieren, was wir noch zu tun haben. Diese Liste kann auch in einem Smartphone geführt werden, wichtig ist, dass wir sie führen.

ANLAGE 06 – TO-DO-LISTE

Ordentlicher Arbeitsplatz

Neben der Ordnung auf dem Schreibtisch ist darauf zu achten, dass der restliche Arbeitsplatz sauber und geordnet ist. Alle Ordner im Regal haben die gleiche Farbe, die Rückenschilder sind gedruckt und nicht mit Hand beschriftet. Keine Papierberge in den Regalen, keine Essensreste, kein Leergut, keine Bier- oder Schnapsflaschen, keine Kleiderberge, keine anzüglichen Kalender.

Der Müll wird umgehend entsorgt, wir sind auch ein Vorbild für die Arbeiter. Wir können von ihnen nichts erwarten, wenn wir es selbst nicht hinbekommen. Wie gesagt: <u>Es gibt keine zweite Chance für den ersten Eindruck</u>, das ist zu beachten. Der Bauherr erwartet für sein Geld eine ordentliche und sortierte Bauleitung, das müssen wir ihm bieten.

BAUORGANISATION
Ordnung ist das halbe Leben.

Projektbeteiligtenliste

Die Bauüberwachung erstellt eine vollständige Projektbeteiligtenliste und schreibt diese bei Änderungen fort. Diese Liste wird an alle verteilt, die mit dem Bauvorhaben zu tun haben. So kann sich keiner mehr damit herausreden, die Kontaktdaten nicht gehabt zu haben. Jeder findet schnell seinen direkten Ansprechpartner, ohne lange suchen zu müssen.

ANLAGE 01 – PROJEKTBETEILIGTENLISTE

Aktennotizen für jede Besprechung/Vereinbarung

Zusätzlich zu den eigenen Notizen ist es zwingend erforderlich, nach jeder Besprechung eine Aktennotiz anzufertigen und diese an die Beteiligten per E-Mail zu verteilen. Hierdurch kann sich jeder daran erinnern, was besprochen worden ist und keiner kann später behaupten, etwas anderes wäre ausgemacht worden oder er hätte nichts von den Vereinbarungen gewusst. Es ist leider erforderlich, <u>jede</u> Besprechung zu dokumentieren, da auf vielen Baustellen gegen Ende die Zahlungsmoral stark nachlässt und nur durch eine lückenlose Dokumentation der Vereinbarungen unnötige

Diskussionen vermieden werden können. Diese Aktennotizen haben Dokumentenfunktion und sind für den reibungslosen Ablauf der Baustelle unumgänglich.

Dies gilt insbesondere auch für Anweisungen durch den Bauherren auf der Baustelle. In der Regel ergeben sich aus diesen Zusatzarbeiten, die eine gesonderte Vergütung rechtfertigen. Nicht selten erinnern sich Bauherren bei der Schlussrechnung nicht mehr an ihre Anordnungen und sagen, sie wären von einer kostenneutralen Erledigung ausgegangen und hätten den Auftrag nicht erteilt, hätten sie gewusst, dass das mehr kostet. Die Aktennotizen helfen hier wieder belastbar auf die Sprünge. Es ist zudem erforderlich, die Zusatzarbeiten sobald als möglich in Rechnung zu stellen und damit auf keinen Fall bis zur Schlussrechnung zu warten.

<u>Beispiel:</u> Der Bauherr möchte eine Duschtrennwand als Faltelement, diese ist aber technisch nur als Schiebetüre möglich. Hierzu müsste eine AN geschrieben werden, die auf diese Umstände hinweist. Zusätzlich sollte darin dann auch der Hinweis enthalten sein, dass vor Freigabe diese Leistungen nicht erbracht werden können.

<u>Beispiel:</u> Der Bauherr fragt bei einer Begehung der Kellerräume, ob die Installationsleitungen an der Decke nicht mit einem Gipskartonkoffer verkleidet werden können. Hierzu müsste dann eine AN geschrieben werden, dass die Abkofferung gewünscht wurde, dass

diese aber nicht im Leistungsumfang der Beauftragung enthalten und somit gesondert zu vergüten wäre. Eine Ausführung kann erst nach grundsätzlicher Freigabe der Mehrkosten durch den Bauherren erfolgen.

Bei allen Zusatzleistungen und Leistungsänderungen muss darauf hingewiesen werden, dass sich die Ausführungszeit verlängert und dass Mehrkosten in Rechnung gestellt werden.

ANLAGE 02 – AKTENNOTIZ

Tägliche Bautagesberichte

Von der Bauüberwachung ist ein fortlaufend durchnummeriertes Bautagebuch zu führen. Im Bautagebuch steht oben das Datum sowie die Wetterbedingungen. Danach folgen Angaben dazu, wer am jeweiligen Tag von wann bis wann auf der Baustelle gearbeitet hat. Weiterhin werden hier besondere Vorkommnisse notiert, hierzu gehören Anweisungen und Besuche des Bauherren, Störungen, Baustopps, besondere Lieferungen etc.

Diese Berichte sind wichtig für die Dokumentation der täglichen Arbeitszeiten im Falle einer Kontrolle der Baustelle durch den Zoll. Zusätzlich kann so aber auch festgestellt werden, wann welche Arbeiten erbracht wurden und wer wann da war. Der Bauherr unterschreibt diese wöchentlich und bekommt hiervon dann einen Durchschlag und kann dann später nicht etwas Abweichendes mehr behaupten.

ANLAGE 03 - BAUTAGESBERICHT BAUHERRENSEITE

ANLAGE 04 – BAUTAGESBERICHT FIRMENSEITE

Tägliche Fotodokumentation

Eine der wichtigsten Arbeiten der Bauüberwachung ist die Dokumentation. Nichts belegt den Bauablauf besser, als eine durchgehende Fotodokumentation. Hierzu ist mindestens einmal täglich die gesamte Baustelle zu fotografieren, auch wenn auf den Bildern das Gleiche zu sehen ist, wie am Tag zuvor. Hierdurch kann später nachgewiesen werden, welche Arbeiten wann und wie ausgeführt wurden. Es ist aber auch möglich festzustellen, wie lange in welchen Bereichen nicht gearbeitet wurde. Im Nachgang kann auf diese Weise auch nachgewiesen werden, dass einzelne Arbeitsschritte ausgeführt worden sind (Abdichtungsarbeiten, Bewehrungseinbau, Lage und Verlauf der Installationsleitungen).

Da wir zum Zeitpunkt der Fotoaufnahme nicht wissen, was wir möglicherweise in zwei bis drei Jahren auf diesen Bildern suchen, ist es sinnvoll immer alles zu fotografieren. Wir laden diese Bilder in der Cloud (z. B.

Dropbox) in den Ordner „Bilder" in einen jeweiligen Unterordner für den Monat im jeweiligen Projekt hoch. So haben ausgewählte Projektbeteiligte sofort einen Überblick was gemacht wurde.

Aus dieser Fotomenge kann dann einmal im Monat eine Dokumentation des Bauverlaufs für den Bauherren erstellt werden, so sieht dieser den Baufortschritt, ohne auf die Baustelle kommen zu müssen. Einige Bauherren benötigen diese Dokumentationen für ihre finanzierende Bank, auch diese interessiert sich für den Baufortschritt.

Eine weitere leidige Diskussion auf jeder Baustelle ist die Müllentsorgung. Durch eine gute Dokumentation der gesamten Baustelle können die Verursacher leichter zur Verantwortung gezogen werden.

Tipp: *Alle Bilder im Querformat aufnehmen, für die Fotodokumentationen in Word passen dann zwei Bilder auf eine Seite!*

Stimmung auf der Baustelle

Oft kann man auf der Baustelle erleben, dass einfache Themen unnötig verkompliziert werden. Daher ist es wichtig, den Kern des jeweiligen Problems zu erfassen und genau zu wissen, was wie erledigt werden soll. Selten scheitern Baustellen an unlösbaren technischen Problemen, in der Regel sind es persönliche Spannungen zwischen den Beteiligten, die zur Eskalation der Baustelle führen. Hier hat der Bauleiter eine nicht zu unterschätzende moderierende Aufgabe. Die Situation auf der Baustelle ist vergleichbar der Situation im Kindergarten, die Aufgabe des Kindergärtners ist, dafür Sorge zu tragen, dass die Kinder sich nicht die Köpfe einschlagen, sondern harmonisch zusammenspielen. Jeder muss genau wissen, was er zu machen hat. Wichtig ist, sich nicht in die üblichen Spielchen hineinziehen zu lassen:

- Eine Firma redet über die Arbeit einer anderen Firma schlecht. Jeder soll sich aber nur darum kümmern, dass seine eigene Leistung korrekt ausgeführt wird. Das muss der Bauleiter den Firmen klar machen und sich nicht mit in dieses Spiel hineinziehen lassen.
- Eine Firma beansprucht das Territorium der Baustelle für sich und lässt andere Firmen nicht in Ruhe arbeiten (Parkplätze, Lagerplätze, Brotzeitplätze etc.). Hier muss der Bauleiter durchgreifen und den neuen Firmen den entsprechenden Platz schaffen, ohne sich dadurch zum Parkplatzwärter für diese zu machen. Den Firmen muss klar sein, dass alle in effektiver Art und Weise an einem Ziel arbeiten müssen, damit sie schnell ihr Geld für ihre Leistung bekommen.
- Jede Firma schiebt entstandene Probleme (Abfall, Baustelle nicht abgesperrt, Licht angelassen, Beschädigungen etc.) auf die anderen Firmen. Hier

kann durch eine lückenlose Dokumentation gegengesteuert werden, eine Baustellenkamera kann ebenfalls helfen. Für diese Maßnahme sind bei der Beauftragung die entsprechenden vertraglichen Vereinbarungen zu treffen. Entstandene Schäden auf alle Firmen umzulegen, kann ebenfalls dazu führen, dass der Verursacher verpetzt wird.

- Oft suchen die Mitarbeiter der Firmen einen Grund, ihre Arbeit nicht ausführen/beginnen zu müssen, da sie lieber wieder nach Hause fahren. Hier muss die Bauüberwachung dafür sorgen und vor allem dokumentieren, dass die Leistungen problemlos ausgeführt werden können.

- Firmen flüchten in die Materialbesorgung. Obwohl lange bekannt ist, welche Arbeiten ausgeführt werden sollen, wird immer nur ein Teil der Materialien bestellt und besorgt. Das liegt daran, dass es schöner ist, das Material zu besorgen und in der Gegend herumzufahren, als dieses auf der Baustelle einzubauen. Auf diese Weise kann problemlos der halbe Tag verplempert werden und gilt gleichzeitig als Arbeitszeit. Hier muss die Bauüberwachung sicherstellen, dass im Rahmen der Arbeits-vorbereitung die erforderlichen Materialien zur Verfügung stehen. Die Kurierkosten summieren sich zu einem erheblichen Betrag auf, wenn alles, was benötigt wird immer erst an dem Tag bestellt wird, an dem es eingebaut werden soll.

- Ausreden bestimmen den Alltag auf der Baustelle, daher dürfen wir uns nicht auf irgendwelche Erklärungen einlassen. Es kann davon ausgegangen werden, dass weitgehend alles frei erfunden ist. Beliebte Ausreden sind: „Der PKW ist stecken geblieben, es war Stau, die holen gerade Material, der ist beim Lieferanten, die Oma ist gestorben, das Auto ist defekt, die kommen heute Nachmittag, wir kommen nächste Woche (nächste Woche heißt immer Freitag oder Samstag, nie Montag), der Mitarbeiter hat sich schwer verletzt (ist aber am nächsten Tag ohne Kratzer wieder im Einsatz), im Büro gibt es Probleme mit der EDV etc." Nie auf Ausflüchte eingehen, Druck machen und auf die vertraglichen Vereinbarungen hinweisen sowie den Schaden erwähnen, der entsteht und der weiterberechnet werden wird. Geld ist das einzige Druckmittel auf der Baustelle.

Vermessung, Statik und Brandschutz durch Spezialisten

Ein umfangreicher Schaden kann entstehen, wenn die Gebäudeeinmessung nicht korrekt erfolgt ist und das Bauwerk nicht dort steht, wo es stehen soll. Hier reichen schon ein paar cm für einen enormen Schaden. Gleiches gilt für die Tragwerksplanung und für den Brandschutz. Es muss daher vermieden werden, diese Leistungen selbst zu erbringen, es sei denn, man ist hier tatsächlich in seinem eigenen Fachbereich sicher unterwegs. Hierfür werden Verträge – am besten durch den Bauherren – mit den entsprechenden Spezialisten geschlossen. Auf deren termingerechte Zuarbeit ist zu achten. Im Aufgabenbereich der Tragwerksplanung ist weiterhin die Ausführungsplanung der Rohbauarbeiten enthalten. Dies erspart die Einarbeitung der Ergebnisse in die Planung des Architekten, bei der nicht selten zahlreiche und wichtige Details verloren gehen.

Jour Fixe

Wöchentliche Besprechungen mit allen auf der Baustelle Beteiligten helfen bei der Koordination und Kommunikation zwischen den unterschiedlichen Firmen, diese Besprechungen nennen sich Jour Fixe. Kurzfristig nach diesen Besprechungen muss ein Protokoll an alle Teilnehmer gesendet werden, damit diese wissen, was vereinbart wurde.

Es empfiehlt sich, diese Besprechungen auf den Nachmittag zu legen.

Um allen Beteiligten Zeit und Nerven zu sparen, sollten diese Besprechungen kurz und zielführend abgehalten werden. Hierzu ist es die Aufgabe der Bauüberwachung pragmatische Lösungsansätze herbeizuführen. Es soll schon vorgekommen sein, dass Teilnehmer im Rahmen des wöchentlichen Kour-Fixe ihren Schlaf nachgeholt haben.

ANLAGE 05 – JOUR FIXE PROTOKOLL

To-Do-Listen

Wie bereits zuvor erwähnt, sind To-Do-Listen ein weiteres effektives Mittel der Bauorganisation. Eigentlich ist das Protokoll zu den regelmäßigen Baubesprechungen (Jour Fixe) schon eine Art To-Do-Liste, viele machen sich aber nicht die Mühe, diese Protokolle durchzuarbeiten, weshalb es nochmals zielführend sein kann, jedem eine eigene Liste anzufertigen. Hier kann für jeden Beteiligten einzeln aufgelistet werden, was er noch zu erledigen hat. Vielen fällt die Abarbeitung der Listen leichter, als die eigenständige Erfassung und Erledigung der offenen Arbeiten.

Für die eigenen To-Do-Listen gilt: <u>Immer das, was man am wenigsten machen möchte, zuerst bearbeiten</u>. Dies hat zum Vorteil, dass es erledigt ist und nicht wie ein Berg vor einem liegen bleibt und belastet.

ANLAGE 06 – TO-DO-LISTE

Belastungen

Wenn eine Firma einen Schaden und/oder andere Mehrkosten verursacht, ist es erforderlich, dies sofort zu notieren und in den jeweiligen Firmenordner an vorderster Stelle abzuheften. Wird dann der Ordner zur Prüfung der nächsten Rechnung in die Hand genommen, so gehen die Gegenforderungen nicht unter, sondern können im Rechnungsprüfblatt unter „Belastungen" eingetragen werden. Wichtig ist hierbei, den Grund und die nachweisbare Höhe zu dokumentieren/ aufzuschreiben.

Sauberkeit (innen = außen)

Das Prinzip der Analogie besagt: „Innen wie außen". Dies gilt im Besonderen auch für Baustellen. Das innere Chaos überträgt sich auf das Äußere und anders herum. Eine gute Firma erkennt man an der Sauberkeit ihrer Baustelle. Aufgabe der Bauüberwachung ist, den Firmen beizubringen, ihren Müll täglich (sofort nach Entstehung) wieder zu beseitigen. Es sind bei der Stadt die entsprechenden zusätzlichen Tonnen für den gemischten Restmüll (Essen, Getränke, Hausmüll etc.) zu beantragen. Der restliche Bauabfall muss getrennt in die entsprechenden Container entsorgt werden. Rauchen auf der Baustelle ist ab den Malerarbeiten verboten, Alkoholkonsum auf der Baustelle führt nach einer einmaligen Verwarnung beim nächsten Mal zum Baustellenverbot.

Ablage Computer

Damit auch andere im Computer fündig werden können, ist es wichtig, dass alle im Büro dieselbe Ordnerstruktur verwenden. Alles, was per E-Mail eingeht, wird dort gespeichert. Wichtig ist ebenfalls, dass die Anlagen der E-Mails <u>sofort</u> in der Cloud gespeichert werden, da sie später sonst gar nicht mehr oder nur mit einem großen Aufwand gefunden werden können. Kryptische Dateibezeichnungen helfen wenig, besser ist es die Dateien so zu benennen, dass durch Eingabe eines Suchbegriffes auch das gefunden wird was man gerade sucht. (Beispiel: Hans-Herbert-Str.22-Grundriss-EG.pdf anstatt HS22-GREG-20200610.pdf oder scan12.5254.245EgG.pdf). Eine Datei zu suchen, die nicht klar benannt wurde und dann noch unklar abgespeichert worden ist, kann mehrere Tage dauern und im schlimmsten Fall dazu führen, dass ein Prozess verloren wird.

Ablage Ordner

Ähnlich wie bei der Ablage im Computer müssen alle Firmenordner die gleiche Struktur haben, damit Dokumente nicht unauffindbar werden bzw. schnell von jedem in der Firma wiedergefunden werden können. Hierzu gibt es einen Musterordner, dessen Struktur übernommen werden sollte.

GRUNDLAGENPRÜFUNG

Erst wenn jeder genau weiß, was er bauen muss, kann eine Baustelle zügig erledigt werden.

Pläne freigegeben?

Die Arbeiten können nur begonnen werden, wenn eine vom Bauherren freigegebene, d. h. unterschriebene Planung vorliegt. So kann vermieden werden, dass irgendjemand später behauptet, es wäre etwas ganz anderes geschuldet.

Planprüfung

Auch wenn die Pläne vom Brandschutz- und vom Tragwerksplaner vorliegen, kann es sein, dass Änderungen nicht den Weg in alle Unterlagen gefunden haben. Daher ist es extrem wichtig und erforderlich, diese Pläne vor Baubeginn zu vergleichen und sicher zu gehen, dass alle Pläne zueinander passen. Stimmt etwas nicht, so ist mit den Beteiligten die Korrektur zu veranlassen.

Gibt es zu jeder Firma alle Unterlagen?

Um Anfragen und technische Probleme schnell lösen zu können, ist es wichtig, zu allen am Projekt beteiligten

Firmen, alle relevanten Unterlagen vorliegen zu haben. Diese sind u. a.:

- Angebot
- Auftrag/Bauvertrag
- Alle Anlagen zum Bauvertrag (Pläne, Aufstellungen, Skizzen, Zahlungspläne)
- Vergabeprotokoll
- Firmenunterlagen

Die Vollständigkeit der Unterlagen ist bei Baubeginn zu prüfen und umgehend herzustellen. Alle Unterlagen gehören in Papierform in einen Ordner auf die Baustelle sowie in digitaler Form in den korrekten Projektordner der Cloud o. Ä. Sensible Unterlagen wie Vergabepreise, Preislisten, eigene Kosten, sollten nicht in Papierform vorgehalten werden, sondern nur digital dort, wo nicht alle Zugriff haben.

VERHALTEN

Wenn wir etwas machen, dann machen wir es richtig.

Erreichbar sein

Jeder weiß, wie nervenaufreibend es ist, wenn man eine wichtige Information benötigt und der Gesprächspartner ist nur sehr schwer oder gar nicht zu erreichen. Genau so geht es dem Bauherren. Insbesondere wenn eine Firma mit Ihren Arbeiten hinter den Terminen ist oder bereits einige Probleme aufgetaucht sind, neigen viele dazu, nicht mehr zu antworten und den Kopf in den Sand zu stecken. Ein solches Verhalten muss in jedem Fall vermieden werden. Das heißt: Alle Anrufe beantworten, wenn es die Situation zulässt bzw. auf jeden Fall zurückrufen oder zurückrufen lassen. Auch wenn die Telefonate möglicherweise nicht angenehm verlaufen, ist dies ist immer noch besser, als komplett unterzutauchen. Ohne Reaktion sind die Anrufer ggf. dazu gezwungen, weitere Schritte in die Wege zu leiten, dies müssen wir auf jeden Fall vermeiden.

Nicht die Nerven verlieren

Jeder hat Situationen, Verhaltensweisen, Reaktionen, Bemerkungen, die ihn aus der Fassung bringen. Kommt es nun vor, dass genau so eine Situation im Gespräch mit einem am Bau Beteiligten entsteht, so ist es dann äußerst schwer, Ruhe zu bewahren. Wenn ein solcher Streit entsteht, so ist beispielsweise ein Wutausbruch keinesfalls hilfreich für den Fortschritt der Baustelle. Hier gilt: Der Bauleiter ist Dienstleister und muss sehen, dass er der ist, der im Gespräch die Nerven behält, selbst wenn dieses persönlich werden sollte. Ich selbst habe Auseinandersetzungen erlebt, die bis zur Androhung und Ausübung von körperlicher Gewalt gegangen sind. Hier gilt wieder: Der Bauleiter ist der Chef auf der Baustelle und muss die Arbeiter so in den Griff bekommen, dass sie sich gegenseitig nicht zerfleischen. Notfalls müssen die entsprechenden Beteiligten der Baustelle verwiesen werden, auf keinen Fall darf sich die Bauüberwachung in solche Streitigkeiten hineinziehen lassen.

Jeder sucht seinen eigenen Vorteil

Jeder der am Bau beteiligten Arbeiter möchte am besten dastehen. Dies führt zu teilweise skurrilen Auftritten von einzelnen Personen. Es werden epische Geschichten über glorreich abgeschlossene, jedoch vergangene Bauvorhaben erzählt, die aktuelle eigene Arbeit bleibt aber auf der Strecke. So kann es durchaus sein, dass umfangreich aus dem Nähkästchen geplaudert wird, leider auch mit dem Bauherren/den Käufern/den Mietern/den Vorgesetzten.

Oft wird die Arbeit der Kollegen anderer Gewerke genau unter die Lupe genommen und schlecht gemacht, um die eigenen Leistungen besser dastehen zu lassen. Es ist tatsächlich vorgekommen, dass die Feinreinigungsfirma am Ende der Baustelle dem Bauherren einen befreundeten Gutachter empfohlen hat, der dann die gesamte, bis dahin reibungslos verlaufende Baustelle schlussendlich vor Gericht gebracht hat, nur um die Provision des Gutachters kassieren zu können, der sich wiederum über die Provision der Anwälte gefreut hat.

Solche Streitigkeiten helfen niemanden, am wenigsten dem Bauherren. Der Bauleiter sorgt für den optimalen Bauerfolg, für Ordnung und Integrität.

Zusagen, die nicht eingehalten werden können

Bereits bei den alten Griechen war der Überbringer schlechter Nachrichten nicht selten dem Tod geweiht. In unserer Zeit ist dies eher nicht mehr der Fall, dennoch kann die Bauüberwachung in solchen Fällen nicht mit einem besonderen Lob rechnen. Daher ist es sehr verständlich, wenn Zusagen getroffen werden, von denen bereits beim Aussprechen bekannt ist, dass sie nicht eingehalten werden können. Die Beteiligten freuen sich zwar kurzzeitig und der Ärger ist erst mal vom Tisch, hierbei ist allerdings niemandem geholfen, da sich die Probleme so nur verschieben und dann erschwerend noch die Zuverlässigkeit der eigenen Aussagen dauerhaft in Frage gestellt wird.

Es gilt also: Bei der Wahrheit bleiben und nur Zusicherungen treffen, die auch eingehalten werden können. Besser noch einen relativierenden Puffer einbauen und danach besser und früher abschließen als mitgeteilt.

Unklare Pläne

Wenn Unklarheiten in den vorliegenden Plänen auftauchen, so ist es erforderlich, umgehend die Korrektur zu veranlassen. Auch wenn dies eine größere Diskussion mit den Planern bedeutet. Nie aus Bequemlichkeit mit unklaren Planunterlagen arbeiten! Alle offenen Fragen und Korrekturvorschläge sind schriftlich und so zeitnah wie möglich zu kommunizieren.

Entscheidungen vor Ort nur, wenn zu 100 % sicher

Im Rahmen von Baubegehungen und Besprechungen mit den Firmen tauchen meistens Fragen hinsichtlich der zu erstellenden Leistungen auf. Viele technische Probleme lassen sich vor Ort bereits lösen, wenn man in diesem Bereich über die ausreichenden fachlichen Kenntnisse verfügt.

Aber auch hier gilt: Niemand kann alles wissen. Ein großer Fehler ist, aus falschem Ehrgeiz heraus jede Lösung sofort parat haben zu wollen.

Ist sich die Bauüberwachung hinsichtlich der zu lösenden technischen Frage(n) nicht zu 100 % sicher, so muss diese Lösung nicht sofort ausgesprochen werden, sondern es reicht auch erst nach der abschließenden Klärung im Büro. Dort kann besser recherchiert werden, dort kann mit Kollegen und anderen Spezialisten gesprochen werden und es wird die Lösung gefunden, die im aktuellen Fall benötigt wird.

Umgang mit eigenen Fehlern

Wer arbeitet macht Fehler, mal kleine, mal größere. Dies lässt sich nie vollständig vermeiden. Wichtig ist nun aber der korrekte Umgang mit diesen Fehlern. Fällt einem selbst der Fehler in einer eigenen Arbeitsleistung auf und lässt sich dieser noch korrigieren, so ist dies dringend auch zu tun, auch wenn das bedeutet, dass der Plan, das Protokoll oder was auch immer, nochmals erstellt werden muss, auch wenn dies Kosten und Mühe erfordert. Meist sind noch weitere Fehler vorhanden, die nicht aufgefallen sind. Diese Vorgehensweise erhöht die Qualität der eigenen Arbeit.

Ist eine Korrektur nicht mehr möglich, so sollte zunächst derjenige, der für die Bezahlung der eigenen Arbeit verantwortlich ist (Vorgesetzter, Chef etc.), hierüber ehrlich informiert werden. Nichts ist schlimmer, als Fehler unter den Teppich zu kehren und zu hoffen, dass sich diese dadurch von selbst erledigen. Schuld sind auch nicht immer die anderen, sehr oft ist man <u>selber</u> die Ursache. Dieser eigenkritische Umgang hilft dann eine pragmatische und wirtschaftliche Lösung zu finden.

Rechner am Abend mitnehmen

Am Ende des Arbeitstages sollte das eigene Notebook nicht im Baucontainer gelassen werden. Schon öfter ist es vorgekommen, dass dort eingebrochen worden ist und diese Geräte ganz verschwanden. Weiterhin sollten die vertraulichen Daten auf den Rechnern nicht Unberechtigten zugänglich gemacht werden.

Eigene Einstellung zur Arbeit

Sehr hilfreich sind handwerkliches Geschick und ein guter Blick für technische Probleme. Kleinere Mängel/ Restarbeiten können auch durch die Bauüberwachung behoben werden. Hier hilft eine gesunde Einstellung zur Arbeit und der Wunsch das Bauvorhaben fertigstellen zu wollen, ohne immer auf die Erledigung durch andere zu warten.

Auch bei den auf der Baustelle anwesenden Firmen wird wahrgenommen, dass der Bauleiter auch selbst in der Lage wäre, die aktuellen Arbeiten auszuführen, das schafft Respekt bei den Arbeitern.

FORMALITÄTEN

Wer schreibt, der bleibt.

Allgemeine Vorgehensweise

Im Prinzip wollen alle am Bau Beteiligten kein Buch schreiben, sondern ein Haus bauen. Die Erfahrungen und Veränderungen im Bausektor der letzten Jahre haben jedoch gezeigt, dass zum Ende der Baustellen gerne versucht wird, etwas zu finden, was zur Rechnungskürzung berechtigt. Wir sind alle große Freunde von klaren Verhältnissen, dies bedeutet jedoch auch, dass wir vom ersten Tag der Baustelle verpflichtet sind, Störungen und Mehrkosten korrekt anzumelden.

Die nachstehenden Anzeigen werden nie ausschließlich positiv von den Verursachern aufgenommen und sorgen zunächst immer für Spannungen oder gar für Streit, dennoch sparen wir uns durch sie jede Menge Ärger.

Das bedeutet: Tritt ein Zustand ein, der eine der nachstehenden Anzeigen rechtfertigt, so ist diese entsprechend schriftlich zu erstellen und per E-Mail _und_ Briefpost an alle Beteiligten zu senden. Hier müssen immer mehrere Empfänger der Meldungen vorhanden sein, sie können dann später als Zeugen fungieren.

Die Formulierung richtet sich nach den vertraglichen Grundlagen (VOB- oder BGB-Vertrag).

Bedenkenanmeldung

Bedenken zur Ausführung melden wir u. a. an bei

- Fehlenden Ausführungsunterlagen
- Fehlern und Widersprüchen in den Ausführungsunterlagen
- Schadhaften Anordnungen des Bauherren
- Bedenken gegen die Art der Ausführung

Aus der Bedenkenanmeldung resultiert in der Regel eine Behinderungsanzeige.

Behinderungsanzeige

Können wir unsere Arbeiten nicht anfangen, fortsetzen oder beenden, weil ein nicht von uns verursachter Zustand eingetreten ist, der dies behindert, so stellen wir eine Behinderungsanzeige.

Hierbei unterscheiden wir nicht, ob die Behinderung durch den Bauherren oder durch eine andere Firma verursacht wurde. D. h. wenn wir nicht reibungslos und vertragsgemäß arbeiten können, stellen wir eine Behinderungsanzeige.

Eine Behinderungsanzeige enthält immer den Hinweis auf die Verlängerung der vertraglichen Ausführungsfristen sowie auf hierdurch entstehende Mehrkosten sowie eine Frist zur Beseitigung der Behinderung.

Die gesetzlichen Grundlagen hierzu sind für den VOB-Vertrag VOB Teil B, § 6, für den BGB-Vertrag der § 642 BGB.

Mehrkostenanmeldung

Ebenfalls nicht sonderlich beim Bauherren beliebt, aber zur Durchsetzung späterer Forderungen wichtig, ist die Mehrkostenanmeldung. Mehrkosten werden geltend gemacht bei:

- Zusätzlichen Leistungen
- Änderungen der Bauumstände
- Erweiterung der Pauschalvereinbarungen

Werden die Mehrkosten durch den Auftraggeber nicht anerkannt, so können diese Leistungen nicht ausgeführt werden, dies ist ihm schriftlich mitzuteilen.

Schadensanzeige

Wurde die bereits ausgeführte Leistung beschädigt, so ist dieser Schaden beim Verursacher und beim Bauherren anzuzeigen. Hierzu verfassen wir eine Schadensanzeige. Hier ist es nun sehr hilfreich, wenn wir auf eine lückenlose Fotodokumentation zurückgreifen können. Haben wir Bilder vom noch schadenfreien Zustand, lässt sich der Kreis der Verursacher besser eingrenzen.

Arbeitseinstellung und Zahlungsverzug

Tritt der Fall ein, dass der Auftraggeber seine Zahlungen nicht mehr pünktlich oder gar nicht mehr leistet, sind wir gezwungen, die Arbeiten einzustellen bzw. einstellen zu lassen. Zuvor erfolgten die Mahnung und die Ankündigung der Einstellung der Arbeiten. Dies ist jedoch in der Regel nicht die Aufgabe des Bauleiters, dies ist Sache der Geschäftsführung/Buchhaltung.

BAUPHASEN

Der Lebenszyklus der Baustelle.

Euphorie

Zu Beginn eines neuen Projektes herrscht auf der Baustelle noch eine gewisse Euphorie vor. Alle freuen sich, dass sie den Auftrag erhalten haben und dass es endlich losgeht. In dieser Phase lassen sich Unstimmigkeiten und kleinere Probleme noch relativ leicht lösen. Alle zeigen sich hier noch von ihrer besten Seite.

In dieser Phase ist es wahrscheinlich noch nicht erforderlich, dass der Bauleiter korrigierend eingreifen muss, es können zusätzliche Wünsche leicht realisiert werden. Allerdings hat auch diese Phase ihre Tücken. Treten hier Behinderungen oder Änderungen, die zu Mehrkosten führen können auf, so lässt man sich gerne, im Schwung der allgemeinen Harmonie, dazu verleiten, diese nicht anzumelden, um das gute Klima nicht zu stören. Dies ist unbedingt zu vermeiden! Treten Umstände auf, die eine entsprechende Behinderungs- oder Mehrkostenanzeige erfordern, so sind diese Meldungen _immer_ auch vorzunehmen.

Durchhalten

Irgendwann ist die Anfangseuphorie verschwunden und der Alltag kehrt ein. Jeder macht seine Arbeit und stellt seine ersten Rechnungen. Erste Diskussionen tauchen auf und werden noch sachlich geklärt. Erste kritische Stimmen werden laut, gelegentlich kommt es zur Ankündigung von Mehrkosten.

Hier ist es die Aufgabe der Bauleitung, alle bei Laune zu halten und dafür Sorge zu tragen, dass alle möglichst effizient arbeiten können. Kleinere Störungen sind umgehend zu beseitigen. Es kann versucht werden, mit kleineren Veranstaltungen die Stimmung gut zu halten, hier etabliert sich die Bauleitung als verlässlicher Problemlöser und Ansprechpartner.

Ärger

Aus den Ankündigungen werden Schreiben, aus den Schreiben Diskussionen, aus den Diskussionen werden Streitgespräche. Oft haben in dieser Phase alle Beteiligten sehr viel um die Ohren, oft so viel, dass bereits eine kleinere Störung zu einer Überforderung führen kann. Dieser Druck wird dann nicht selten am Gesprächspartner abgelassen.

Nun ist es erforderlich, dass die Bauüberwachung regulierend eingreift und alle wieder in das Boot zurückholt. Die objektive und zeitnahe Klärung der

Probleme ist erforderlich. Hier haben alle noch die Möglichkeit, sich vernünftig zu einigen.

Eskalation

Die Fronten verhärten sich gelegentlich, keiner will von seinem Standpunkt abweichen. Wie trotzige Kinder stehen sich die Parteien gegenüber, keiner will nachgeben, alle haben Recht.

Nun wird es schwer, einen gemeinsamen Konsens zu finden. Hier kann die Einschaltung einer neutralen Person hilfreich sein. Auch das Einschalten eines gemeinsam anerkannten Gutachters kann hier eine Lösung sein. Es macht unbedingt Sinn, diesen Gutachter gemeinsam vor Baubeginn mit dem Bauherren schriftlich zu vereinbaren. Wird er erst zum Zeitpunkt der Eskalation von einer der Parteien beauftragt, so ist er nicht mehr objektiv sondern parteiisch.

In der Regel geht es hier um finanzielle Fragen. Gelingt eine Klärung, ggf. mit Eingeständnissen, so wird die Baustelle wieder auf Kurs gebracht.

Einigung/Abnahme

Eine gerichtliche Auseinandersetzung ist unter allen Umständen zu vermeiden, da diese nur den Anwälten nutzt. Ein Prozess zieht sich über mehrere Jahre und endet so gut wie immer mit einem Vergleich, was bedeutet, dass keine der Seiten eindeutig Recht zugesprochen bekommt.

Dies liegt daran, dass sich Außenstehende nur schwer in die bereits abgeschlossenen Bauabläufe einarbeiten können. Die Juristen beider Seiten fertigen, bevor es zu Gericht geht, eine Klageschrift bzw. eine Stellungnahme zu dieser, die kann aber nur so gut sein wie unsere Zuarbeit. Diese erfolgt auf Grundlage der Dokumentation und der nachweisbaren Aktenlage (Schreiben, Notizen, E-Mails, Besprechungsprotokolle), je mehr wir belegen können, desto besser unsere Chancen Recht zu bekommen. Hierfür bekommen die Anwälte ein erstes Honorar für die außergerichtliche Vorbereitung.

Nun geht der Streit vor Gericht und die Richterin/der Richter muss herausfinden, welche der beiden Seiten im Recht ist. Allerdings kann auch das Gericht nur nach Aktenlage und anhand der Aussagen der Parteien entscheiden. Vorgelegte Gutachten bereits beteiligter Sachverständiger haben hier nur am Rand Bedeutung, da das Gericht zur Klärung einen eigenen, unabhängigen Gutachter bestimmen wird. Zu diesem Zeitpunkt wurden bereits die Gerichtskosten und die Honorare der eigenen Gutachter bezahlt, hinzu kommen die Kosten für den durch das Gericht bestimmten Gutachter und wieder Anwaltshonorare für die gerichtliche Betreuung ihrer Mandanten.

Jetzt wird das Gericht einen Vergleich vorschlagen, nachdem sich die streitenden Parteien einigen sollen. In der Regel erfolgt der Vorschlag, sich in der Mitte zu treffen. Für die Richterin/den Richter hat dies den Vorteil, dass sie/er kein Urteil sprechen und begründen muss, welches später wieder beeinsprucht werden kann, der Fall ist mit Annahme des Vergleichs vom Tisch. Weiterhin ist für das Gericht eine vollständige und detaillierte Einarbeitung in die völlig gegensätzlichen Darstellungen nicht erforderlich. Die beteiligten Rechtsanwälte erhalten zudem ein zusätzliches Vergleichshonorar, so dass auch sie ein großes Interesse haben, den Prozess so zu beenden.

Für die Prozessparteien bedeutet eine gerichtliche Auseinandersetzung in erster Linie einen ganz erheblichen Vorbereitungsaufwand und eine Zeit voller Ärger. Zum Schluss führt der Prozess lediglich dazu, dass der Vergleichsbetrag im Wesentlichen zum Ausgleich der ganz erheblichen Honorare und Gerichtskosten verwendet werden muss. Das was übrig bleibt, ist in der Regel den Ärger nicht wert gewesen. Ein Prozess nützt in erster Linie den Juristen und den beteiligten Gutachtern, dies sollte man immer bedenken. Es darf nicht vergessen werden, dass es den Anwälten letztendlich egal ist, ob der Prozess gewonnen oder verloren wurde, ihr Honorar ist nicht an den Erfolg gekoppelt.

Daher liegt unser Augenmerk auf einer einvernehmlichen Einigung, auch mit Zähneknirschen. Hier ist der Moment, in dem unsere lückenlose Dokumentation zum Tragen kommt. Je mehr belegt und nachgewiesen werden kann, was wirklich gebaut und angeordnet worden ist, desto weniger gibt es zu streiten.

Wurden alle Zwischenfälle, Mehrkosten und Änderungen dokumentiert, können wir zu diesem Zeitpunkt die Schlussrechnung stellen und die Baustelle erfolgreich abschließen.

KOMMUNIKATION

Tue Gutes und sprich darüber.

Allgemein

Sehr viele Probleme auf der Baustelle entstehen – wie im echten Leben – durch fehlerhafte oder unzureichende Kommunikation. Der eine sagt etwas, der andere versteht was völlig anderes.

Der Bauherr will und muss an allen wichtigen Entscheidungen beteiligt, aber auch nicht wegen jeder Kleinigkeit genervt werden. Wichtig sind alle Entscheidungen, die eine Änderung der vereinbarten Qualität (besser & schlechter) bedeuten. Weiterhin ist für den Bauherren alles relevant, was eine Veränderung der Kosten bedeutet.

Erfolg

Wenn es einen Erfolg zu verbuchen gibt oder eine zündende Idee auftaucht, die auf die eigene Initiative zurückgeht, wenn allgemein etwas Positives die Baustelle weiterbringt, dann ist es wichtig, dass der, der die eigene Rechnung/den eigenen Lohn bezahlt, davon erfährt. Nicht der nächste Vorgesetzte, sondern der, der für die eigene Rechnung verantwortlich ist. Geschieht das nicht, so wird der Erfolg einem anderen gutgeschrieben.

Im Sinne des Baufortschrittes ist es zu vermeiden, sich in persönliche Intrigen verspinnen zu lassen bzw. solche selber zu initiieren. Irgendwann kommt alles auf und dann ist eine gute und zielgerichtete Arbeit nicht mehr möglich. Daher ist es auch hilfreich, nicht jedem alles zu erzählen, viele verwenden die erlangten Informationen gegen denjenigen, der sie ihnen mitgeteilt hat. Sollte sich eine solche Situation anbahnen, so ist dringend auf die Hilfe der Geschäftsführung zurückzugreifen, bevor das Kind in den Brunnen fällt.

Vertrauen

Vertrauen ist gut, Kontrolle ist besser. Könnten wir jedem blind vertrauen, so bräuchten wir keine Bauüberwachung. Wir kennen nicht jeden Baubeteiligten persönlich, so dass wir nicht jeden korrekt einschätzen können und auch nicht müssen.

Ein gesundes Misstrauen gegenüber den ausführenden Firmen und deren Mitarbeitern ist absolut erforderlich. Wir haben auf den Baustellen die gesamte Bandbreite vom ehemalig Straffälligen bis hin zum superkorrekten Nerd.

Wenn wir dafür sorgen, dass keine unnötigen Gelegenheiten für Fehltritte geschaffen werden, so können wir diese besser vermeiden. Das bedeutet, wir sperren die Baustelle ab, wir verschließen arbeitstäglich die teuren Maschinen, wir bestellen keine überschüssigen Materialien und achten darauf, dass genug da ist, dass gebaut werden kann aber nicht so viel, dass nicht mehr auffällt, wenn etwas verschwindet.

Nie verbrüdern

Eine gesunde Distanz zwischen den am Bau beteiligten Personen ist hilfreich für die korrekte Fertigstellung der Baustelle. Dies gilt im besonderen Maße für das Verhältnis zwischen der <u>Bauleitung und den Mitarbeitern der ausführenden Firmen</u>. Verbrüdert man sich hier zu stark, so verlieren diese den Respekt vor der Bauüberwachung, da diese dann als ein Freund angesehen wird, der schon mal etwas mehr durchgehen lässt. Gemeinsame Saufgelage und dergleichen sind hierbei zu vermeiden, da man sich angreifbar macht. Dies führt dann dazu, dass Terminvorgaben nicht mehr ernst genommen werden und dass Zugeständnisse bei der Abrechnung erwartet werden, auch Erpressungsversuche sind hier schon vorgekommen.

Allgemein ist darauf zu achten, dass vertrauliche Informationen in der Firma bleiben. Daher darf mit Außenstehenden nicht über den Verlauf der Baustelle und über andere Details gesprochen werden. Der interessierte, nette Herr mit der Brotzeit und dem Bier in der Hand ist möglicherweise der Eigentümer der Nachbarimmobilie und will sich zusätzliche Informationen beschaffen, die eventuell kurz nach dem Gespräch zur Einstellung der Baustelle führen können. Wenn jemand etwas wissen will, dann darf er gerne bei der Geschäftsleitung nachfragen, jedoch keine konkreten Auskünfte vor Ort an Passanten, Bewohner, Käufer, Mitarbeiter anderer Firmen etc.

REGIEARBEITEN VON ANDEREN FIRMEN

Die Stunden bringen das Geld.

Nie selbst unterschreiben

Ein Regiebericht ist erst dann gültig, wenn er von einem zur Unterschrift Berechtigten der Firma unterschrieben wurde, welche die Arbeiten später bezahlt. Es gilt daher: Nicht selbst auf der Baustelle unterschreiben, sondern den Bericht besprechen, eventuelle Korrekturen vornehmen und den Bericht dann an den zur Unterschrift Berechtigten weiterleiten.

Vorlage im Original verlangen

Kopien und E-Mails werden nicht akzeptiert. Die Firmen sollen ihre Regieberichte im Original vorlegen. Erst dann werden diese bearbeitet. Eine solche Regelung ist bei Vertragsabschluss zu vereinbaren.

Berichte älter als 1 Woche ablehnen

Es ist sehr beliebt, die Regiezettel erst nach einer längeren Frist vorzulegen. Dies liegt daran, dass man sich relativ gut daran erinnern kann, was in der vergangenen Woche geschehen ist. Man weiß z. B., ob eine Firma dort

50 Stunden gearbeitet hat oder nicht. Nach 3 Monaten hingegen ist das kaum noch nachvollziehbar, wenn keine detaillierten eigenen Aufzeichnungen gemacht wurden. Die Firmen werden im Vertrag zum Auftrag verpflichtet, die Berichte spätestens eine Woche nach Ausführung vorzulegen. Ist diese Frist abgelaufen, gibt es kein Geld für diese Arbeiten, hierzu ist eine gesonderte Vereinbarung im Vertrag hilfreich.

Ungerechtfertigte Berichte zurücksenden

Werden Berichte zugesendet oder übergeben, die – aus welchen Gründen auch immer – nicht gerechtfertigt sind, so ist es wichtig, dass diese <u>sofort</u> mit dem entsprechenden Vermerk zurückgeschickt werden. Wenn die Berichte unbearbeitet und ohne Reaktion auf dem Schreibtisch liegen bleiben, so führt das nach dem Ablauf einer Woche dazu, dass diese rechtskräftig werden und bezahlt werden müssen. Es gibt einige Firmen, die das Chaos auf der Baustelle sofort erkennen und dies gerne zu ihren Gunsten ausnützen.

Berichte sofort weiterleiten

Sobald ein Regiebericht bei der Bauleitung ankommt, muss er einen Datumsstempel erhalten, eingescannt und an die Buchhaltung weitergeleitet werden. Dies ist eine zusätzliche Sicherheit, dass ungerechtfertigte Zettel keine Rechtskraft entfalten.

Prüfung

Beim Ausfüllen der Stundenlohnzettel landen regelmäßig zu viele Stunden auf dem Papier. Die Pausen werden großzügig vergessen, der Arbeitsbeginn startet in der heimischen Küche und das Ende liegt mitten in der Nacht. Es ist vorgekommen, dass ein und derselbe Mitarbeiter auf drei verschiedenen Baustellen am selben Tag mit über 24 Stunden abgerechnet worden ist.

Hier hilft uns wieder unsere Baudokumentation und die Notizen in den Bautagesberichten. Nachdem wir keine Berichte prüfen müssen, die älter als 1 Woche sind, können wir die angegebenen Zeiten gut prüfen und korrigieren. Gerne wird versucht, Arbeiten, die im Hauptauftrag enthalten sind, nochmals zusätzlich über Regie abzurechnen.

Auch wenn die Arbeiten schneller erbracht werden hätten können und die Firma sich besonders viel Zeit mit der Erledigung gelassen hat, sollte das korrigiert werden. Allein die Anwesenheit berechtigt nicht zur Zahlung des Arbeitslohnes, es muss auch erkennbar und in einem üblichen Tempo gearbeitet worden sein.

Generell gilt: Jeder Regiebericht kann und sollte korrigiert werden, die Firmen lassen sich in der Regel auf diese Korrekturen ein.

EIGENE REGIEARBEITEN

Arbeiten vorher beim Bauherren anmelden

Ganz wichtig: Bevor Regiearbeiten ausgeführt werden, muss der Bauherr hiervon informiert werden. Dies kann persönlich im Rahmen einer Baubesprechung/-begehung, telefonisch oder per E-Mail geschehen. Hierbei ist es wichtig, vorbereitet zu sein und genau zu wissen, warum diese Leistung im beauftragten Umfang nicht enthalten ist.

Vorab per E-Mail am Tag der Erstellung

In der Woche, in der die Arbeiten abgeschlossen worden sind, muss der Regiezettel ausgefüllt und per E-Mail an den Bauherren gesendet werden. Mit diesem Zeitpunkt beginnt die Frist von 6 Werktagen, nach deren Ablauf der Regiebericht auch ohne Unterschrift als angenommen gilt.

ANLAGE 07 – REGIEBERICHT

Originale kurzfristig vorlegen

Auch hier gilt: Sobald die Arbeiten abgeschlossen sind: Regiebericht schreiben, Material- und Fremdkosten nicht vergessen und dann umgehend an den Bauherren weiterleiten, am besten vorab per E-Mail und dann persönlich. Das Original bekommt der Bauherr, ein Durchschlag bleibt zur Rechnungsprüfung im Baubüro, einer geht an die Buchhaltung.

RECHNUNGEN

Allgemein

Oft wünschen sich Firmen Vorauszahlungen auf ihre Arbeiten. Dies ist bei Arbeiten, die eine individuelle Fertigung von Materialien beinhalten (Fenster, Heizungsanlagen etc.) durchaus üblich und nachvollziehbar, dennoch auch hier nicht unkritisch.

Die finanzielle Situation der Vertragspartner kann auch mit der Abfrage bei Creditreform und Schufa nicht immer genau eingeschätzt werden. Steht eine Firma finanziell mit dem Rücken zur Wand, so kann und wird sie die erhaltene Anzahlung nicht zum Einkauf der Materialien für unsere Baustelle verwenden, sondern damit andere Löcher stopfen. Ist der Betrieb dann insolvent, ist auch das Geld verloren.

Ist eine Firma in finanzieller Schieflage und hat für eine noch nicht erbrachte Leistung bereits Geld erhalten, so muss sie dann, um weitere Zahlungen zu erhalten, auf anderen Baustellen arbeiten, bei denen eine Zahlung erst nach Erledigung erfolgt - das ist dann sicher nicht unsere Baustelle.

Die Erfahrung der vergangenen Jahre hat leider gezeigt, dass in etwa 95 % der Fälle mit Vorauszahlung, dieselbe zu Problemen geführt hat. Abhilfe schafft hier eine Vertragserfüllungsbürgschaft, die der Auftragnehmer gegen die Überweisung der Vorauszahlung abgibt. Sträubt sich die Firma vehement diese Bürgschaft zu stellen, so kann dies als ein Zeichen für deren finanzielle Schieflage gewertet werden.

Die Bauüberwachung hat im Rahmen der Rechnungsprüfung darauf zu achten, dass die Firmen im Vergleich zum Leistungsstand nicht überzahlt werden. Es muss bis zum Abschluss immer soviel Restbetrag zur Zahlung übrig sein, dass die Mitarbeiter noch ausreichend motiviert sind auf der Baustelle zu erscheinen und nicht bereits einen neuen Auftrag abarbeiten.

Grundsätzliche Prüfung der Rechnungen

Jede Rechnung erhält einen Eingangsstempel mit Datum, erst dann wird die Rechnung wie folgt weiter geprüft:

Das Finanzamt ist vollkommen spaßbefreit, wenn es um die Formalien einer Rechnung geht. Daher ist es erforderlich, alle eingehenden Rechnungen sofort nach Erhalt auf die diesbezüglichen Anforderungen zu überprüfen:

- Stimmt die Rechnungsanschrift exakt?
- Ist das Bauvorhaben korrekt?
- Hat die Rechnung eine individuelle, fortlaufende Nummer?
- Ist der Leistungszeitraum angegeben und korrekt?

- Ist beschrieben, was erledigt wurde?
- Ist die Steuernummer angegeben?
- Ist die Umsatzsteuernummer angegeben?
- Liegt eine aktuelle, noch gültige Freistellungsbescheinigung vor?
- Ist die Umsatzsteuer korrekt ausgewiesen?

Skonto vermeiden

Wenn möglich, sollte Skonto bei der Vergabe vermieden werden. Wird ein Skonto angeboten, so ist dies nach Möglichkeit in einen Nachlass umzuwandeln. Skonto bedeutet einen erhöhten Druck bei der Bearbeitung der Rechnung. Nicht selten gelingt eine sofortige Bearbeitung nicht immer und das Skonto kann nicht abgezogen werden. Dann kommt es vor, dass einige Rechnungen skontiert werden können, andere wiederum nicht. Zur Schlussrechnung weiß dann keiner mehr, welcher Betrag richtig ist. Das sorgt für zusätzliche Arbeitszeit und unnötige Diskussionen. Wenn es ganz schlecht läuft, kann die Bauüberwachung für den Skontoverlust vom Auftraggeber in Regress genommen werden.

Klares Aufmaß

Ist eine Abrechnung der Leistungen nicht pauschal, sondern nach Aufmaß vereinbart, so ist es erforderlich, dies umgehend nach oder sogar noch während der

Ausführung der Arbeiten <u>zusammen</u> mit der ausführenden Firma vorzunehmen. Beide unterschreiben das, was sie ausgemessen und festgestellt haben, dann müssen bei der Rechnungsprüfung nur noch die Zahlen verglichen werden und die Rechnung kann raus.

Korrekturen zusammen besprechen

Sollte es erforderlich sein, eine Rechnung zu korrigieren, so sollten diese Korrekturen umgehend dem Rechnungsersteller mitgeteilt werden. Am besten erfolgt diese Mitteilung in einem gemeinsamen Termin und der Rechnungssteller gibt sein schriftliches O. k. zu der Korrektur. Wir müssen darauf achten, dass wir immer genau und nachvollziehbar die Gründe auf der Rechnung notieren, das spart wieder spätere Diskussionen.

Rechnungsprüfung

1. Zuerst wird die Rechnung mit dem erteilten Auftrag verglichen:
   - Stimmen die berechneten mit den vereinbarten Preisen überein?
   - Sind die Mengen korrekt?
   - Gab es eventuell eine Änderung in der Ausführung, die nicht in Abzug gebracht wurde?
   - Sind eventuelle Zusatzleistungen vorher schriftlich vereinbart worden?

2. Danach erfolgt die rechnerische Prüfung und ggf. Korrektur der Rechnung. Hieraus ergibt sich zum Schluss eine Nettosumme. Bei komplexeren Rechnungen ist es sinnvoll, die Korrekturen nicht mit dem Taschenrechner nachzurechnen, sondern die Rechnung mit den Positionen in Excel einzutippen. Die Fehlersuche ist dort einfacher und schneller, als alternativ alles so lange einzutippen, bis zweimal das gleiche Ergebnis rauskommt.

3. Für jede Rechnung wird ein Rechnungsprüfblatt angelegt. Die Erstellung stellt eine zusätzliche Kontrollinstanz dar, oft fallen beim Ausfüllen noch Fehler auf. Im Rechnungsprüfblatt stehen alle zum Auftrag relevanten Angaben wie Firmenanschrift, Art der Leistung, Auftragsdatum, ggf. Skonto sowie das Zahlungsziel etc. Das Rechnungsprüfblatt ermöglicht eine schnelle Prüfung der Eckdaten des Vertrages:
   - Wieviel wurde schon abgerechnet?
   - Wieviel ist noch offen bis zum Erreichen der Auftragssumme?
   - Wieviel Zusatzarbeiten wurden beauftragt?
   - Summe der bisherigen Zahlungen?

ANLAGE 08 – RECHNUNGSPRÜFBLATT

4. Ist die Rechnung korrigiert, dann wird sie eingescannt und im Ordner „Rechnungen" im richtigen Projekt abgelegt. Die Rechnungen werden wie folgt benannt:

   Firmenname-Datum-Laufende Nummer.pdf

   <u>Beispiel:</u>
   SCHRÖCK-20190719-01.pdf

5. Nun bekommt die jeweilige Firma einen Korrekturrücklauf, auch wenn keine Korrekturen erfolgt sind.

6. Das Original der Rechnung geht nun bei der nächstmöglichen Gelegenheit an die Buchhaltung, damit dort die Zahlung veranlasst werden kann.

EIGENE NACHTRÄGE

(Bauüberwachung auf Seite des Auftragnehmers)

Zusatzkosten für unvorhergesehene Arbeiten müssen nicht von der Firma getragen werden.

Ursachen

Oft sind Baustellen zu Beginn noch nicht zu Ende geplant bzw. es fällt den Planern oder den Bauherren ein, dass noch etwas geändert und/oder ergänzt werden muss oder wird eine Leistung geändert, so bedeutet dies eine Korrektur der bereits begonnenen Arbeiten. Bestellte Materialien können nun doch nicht mehr verwendet werden, zusätzliche Materialien sind erforderlich, es fallen zusätzliche Entsorgungskosten etc. an.

Anmeldung

Tritt ein solcher Fall ein, sind unverzüglich Mehrkosten und die Verlängerung der Ausführungsfristen anzumelden. Siehe hierzu auch den Punkt „FORMALITÄTEN" aus diesem Handbuch.

Ohne die Zuarbeit der Bauüberwachung kann kein korrektes Nachtragsangebot erstellt werden.

Für die Kalkulation der Nachträge benötigt die Kalkulationsabteilung alle Informationen hinsichtlich der

- verwendeten Materialien, einschließlich Verschnitt.
- benötigten Arbeitszeit, einschließlich der Arbeitsvorbereitungen.
- entstandenen Fremdkosten durch Subunternehmer oder anderer Dienstleister.
- benötigten Geräte, einschließlich der vorhandenen Geräte.

FREMDE NACHTRÄGE

(Bauüberwachung auf Seite des Bauherren)

Ursache

Wie im richtigen Leben, so versuchen auch auf der Baustelle alle Beteiligten ihren maximalen Vorteil aus dem Projekt zu ziehen. In erster Linie ist dies Geld, das heißt, alle versuchen sich Zusatzleistungen auszudenken, die sie sich dann extra bezahlen lassen können. Dies kann für den Auftragnehmer dann erforderlich werden, wenn er mit einem zu niedrigen Preis angeboten hat, um den Zuschlag in einem Bieterverfahren zu erhalten.

Dokumentation

Wieder einmal mehr dreht sich auch hier alles um die korrekte Dokumentation.

- Was wurde vor Baubeginn vereinbart?
- Wurde alles schriftlich vereinbart?
- Lagen die Pläne zur Beauftragung vor?
- Wer hat dem Subunternehmer die Arbeiten in Auftrag gegeben?
- Welche Nachweise hat der Auftragnehmer vorgelegt?

Ist eine Nachtragsleistung gerechtfertigt, so ist diese Information unbedingt an die Geschäftsführung weiterzugeben, damit diese prüfen kann, ob der Nachtrag ggf. zu einem eigenen Anspruch auf Vergütung gegenüber dem Bauherren führt.

TERMINE

Von Anfang an Gas geben

Jede Woche, die am Anfang eines Projektes verbummelt wird, fehlt zum Schluss. Diese Weisheit kann nicht oft genug erwähnt werden. Auch den Bauherren ist dies am Anfang nicht klar, erst gegen Mitte/Ende des Projektes entsteht regelmäßig Panik und alles muss plötzlich doppelt so schnell erledigt werden. Auch hier gilt: Bei nicht selbst verursachten Verzögerungen <u>sofort</u> schriftlich Behinderung beim Bauherren anmelden.

Zusicherungen

Jeder Bauherr wünscht sich einen detaillierten Terminplan, weil viele noch glauben, dass dieser Plan dann auch die Realität darstellt. Durch die vielen Einflussfaktoren ist es jedoch nicht möglich, einen vollkommen richtigen Terminplan zu erstellen. Wichtig in diesem Zusammenhang ist es, keine Zusicherungen zu machen – insbesondere nicht an den Bauherren oder dessen Vertreter – die nicht absolut sicher eingehalten werden können. Lieber einen großzügigen längeren Termin nennen und dann früher fertig werden als anders herum.

TYPISCHER TAGESABLAUF

Das Leben der Bauüberwachung.

Beispiel

Ein typischer Tag kann wie folgt aussehen:

6:50 Uhr	Ankunft Baustelle/Baucontainer/Baubüro, Computer & Kaffeemaschine einschalten
7:00 Uhr	Rübergehen zur Baustelle, sehen was sich seit dem letzten Besuch getan hat. Schauen wer schon auf der Baustelle ist, sich blicken lassen.
7:15 Uhr	Schreibtisch aufräumen, E-Mails prüfen, erste Telefonate, To-Do-Liste auf den aktuellen Stand bringen. Überblick über den Tag verschaffen
8:00 Uhr	Rundgang Baustelle, 1. Fotodoku, Anfangen mit Bautagesbericht
9:00 Uhr	PC-Arbeiten, Rechnungsprüfung, Schreiben von Aktennotizen, Firmen anrufen, technische Klärungen, Besprechungen und Termine vorbereiten
12:15 Uhr	Mittagspause

13:00 Uhr	Rundgang Baustelle, 2. Fotodoku, Fortschreiben Bautagesbericht
14:00 Uhr	Termine mit Firmen, Jour-Fixe, Besprechungen
15:30 Uhr	Schreiben Protokolle und Aktennotizen
16:30 Uhr	Rundgang Baustelle, 3. Fotodoku, Abschluss Bautagebuch

Tagesplan

Die nachstehenden Tätigkeiten sind täglich erforderlich:

- Schreiben des Bautagesberichts
- 2-3x Fotodokumentation aller Bereiche
- Rechnungsprüfung
- Baustellenrundgänge
- Aktennotizen für getroffene Vereinbarungen

Wochenplan

Im Laufe einer Woche werden zusätzlich erforderlich:

- Wöchentliche Baubesprechung
- Wöchentliche Fotodokumentation
- Besprechung mit der Geschäftsführung
- Arbeitsvorbereitung/Ermittlung Materialbedarf

AUSRÜSTUNG
Am Material darf es nicht scheitern.

Immer dabei

Folgende Ausrüstung wird ständig bei der Bauüberwachung benötigt:

- Smartphone mit guter Kamera
- Persönliche Sicherheitsausrüstung (Sicherheitsschuhe, Helm)
- Meterstab
- Schreibbrett mit Stift
- Schließknochen, wenn schon Türen eingebaut wurden
- Taschenlampe
- Phasenprüfer

Im Büro

Im Baubüro sollte unter anderem Folgendes bereitstehen:

- Notebook mit Dockingstation und Extramonitor
- Internetzugang
- Drucker mit Scanner
- Werkzeugkoffer
- Laserentfernungsmesser

- Bohrer und Kleinmaterial

Im Auto

Im Bauleitungsauto sollte unter anderem Folgendes bereitstehen:

- Ersatzwerkzeug
- Kleinmaterial (Flexscheiben etc.)
- Ersatzkleidung
- Ersatzbatterien bzw. Akkus für die im Einsatz befindlichen Geräte
- Markierspray
- Maurerschnur
- Maßband

ANLAGE 01 – PROJEKTBETEILIGTENLISTE

PROJEKTBETEILIGTENLISTE
BV Brudergasse / Vorderer Anger Landsberg

Job	Name	Anschrift	Email	Telefon	Fax	Mobil
Bauherr						
Architekt / Projektüberwachung						
Statik						
Prüfstatik						
Baustelleneinrichtung Kran, Gerüst						
Zimmerer + Dachdecker						
Fassadensanierung / Projektüberwachung						

Stand: 23.07.2029

ANLAGE 02 – AKTENNOTIZ

AKTENNOTIZ

ORT: Baustelle Brudergasse Landsberg / Haus 2 Keller
Brudergasse 5
86899 Landsberg am Lech

DATUM / UHRZEIT: 06.12.2018
14:10 Uhr – 15:00 Uhr

TEILNEHMER: Herr Mustermann – Bauherr
Maximilian Schröck – SCHRÖCK Bau GmbH (SB)

ANLASS: Allgemeine Baubegehung

Folgendes wurde besprochen und festgelegt:

1. **Untergeschoß Haus 2**

   Herr Mustermann wünscht sich aus optischen Gründen eine Verkleidung der an der Decke verlaufenden Installationsleitungen und fragt nach der technischen Umsetzbarkeit

   Herr Schröck gibt an, dass diese Verkofferung technisch möglich sei. Diese Arbeiten seien aber nicht im Leistungsumfang des Hauptauftrages enthalten und somit zusätzlich zu vergüten.

   Es wird vereinbart, dass SB die Kosten hierfür ermittelt und an den Bauherren weitergibt, nach Freigabe der Kosten können diese Arbeiten begonnen werden.

2. **Duschtrennwand Wohnung 5**

   Herr Mustermann wünscht dich eine Duschtrennwand in Form einer Faltschiebetüre. Herr Schröck gibt an, dass ein Faltschiebesystem hier technisch wegen der geringen verbleibenden Durchgangsbreite keinen Sinn machen würde und schlägt den Einbau einer normalen Glastüre vor.

   Es wird vereinbart, dass der Bauherr anhand einer Skizze die er von SB erhält die Entscheidung trifft, ob eine solche Türe verbaut wird oder ob er auf die Duschtrennwand in diesem Bereich verzichten kann.

AUFGESTELLT: 06.12.2018, Dipl. Ing. Maximilian Schröck

ANLAGE 03 – BAUTAGESBERICHT BAUHERRENBAULEITUNG

Nr.:

SCHRÖCK BAU GMBH

BAUTAGESBERICHT: BV Fertigstellung Brudergasse / Vorderer Anger Landsberg

Datum:					
Wetter :					
Temp. in °C:		bis		°C	
Arbeitszeit:		bis		Uhr	
Gewerk	Firma	Haus	Etage	Mann-schaft	ausgeführte Arbeiten
Gesamtmannschaft:					
Geräteeinsatz:					

Besonderes:

Anweisungen:

Landberg am Lech, den................................Unterschrift des Bauleiters ....

Anlage(n):

ANLAGE 04 – BAUTAGESBERICHT FIRMENBAULEITUNG

BAUTAGESBERICHT NR:

Baustelle :

Wochentag: den   20

SCHRÖCK BAU GMBH

Wetter:		Temperatur:	° C (mind:	° C, max:	° C)
Ausfall durch Schlechtwetter:		1. Schicht von	Uhr bis	Uhr =	Std.
von bis = Std.		2. Schicht von	Uhr bis	Uhr =	Std.
von bis = Std.		3. Schicht von	Uhr bis	Uhr =	Std.

Eigenbelegschaft					Nachunternehmer- Belegschaft		
	Anzahl			davon fehlen	Firma	Anzahl	
	1. Schicht	2. Schicht	3. Schicht	krank Urlaub		1. Schicht 2. Schicht 3. Schicht	
Polier							
Vorarbeiter							
Facharbeiter							
Werker							
Summen					Summen		

Geräteeinsatz:

Ausgeführte Arbeiten:

Besondere Bemerkungen: Besonderes bezüglich Betriebsstörungen, Behinderungen, Anordnungen des Bauherrn, Betonüberwachung etc.

Bauführer	Bauleiter	für den Auftraggeber

ANLAGE 05 – JOUR-FIXE PROTOKOLL

01

PROJEKT:	Musterbaustelle	DATUM:	13.03.2017
PROTOKOLL:	Jour Fixe Protokoll		
VERFASSER:	Schröck Bau GmbH / MS		
ANLAGEN:	Keine		

TEILNEHMER / FIRMA	ZUSTÄNDIG	ANWESEND	VERTEILER	KONTAKT
BAUFIRMA 1 _UNIV_	Herr Muster	X	.....	.....
Schröck Bau GmbH _SB_	Max Schröck	X	.....	.....
Schröck Bau GmbH _SB_	.....	X	.....	.....

Folgendes wurde besprochen und festgelegt:

	1.		**Organisation**			
	1.1		**Vertrag Schröck / Baufirma 1**			
			Finale Version steht aus, Bauder wollte korrigieren und verschicken. Unterschrift geplant für den 16.03.17	UNIV SB	16.03.17	Offen
	1.2		**Datenraum**			
			Es wird beschlossen, den Datenaustausch über Dropbox vorzunehmen, SB gibt Ordner frei, UNIV kopiert Datenstruktur, SB füllt mit Plänen	UNIV SB	14.03.17	Offen
	2.		**Termine**			
	2.1		**Rahmenterminplan**			
01		13.03.17	Grob- und Feinterminplan erforderlich.	SB	KW 11	Offen
	2.2		**Nächste Termine**			
02		13.03.17	Schnurgerüst		KW 11	
			Baubeginn Fundamente		KW 13	
	3.		**Vergaben**			
	3.1		**Baustrom**			
01		13.03.17	Es wird beschlossen, dass SB die Fa. xxxxx mit den Baustromarbeiten beauftragt. Auftragssumme 1.610,00 EUR netto.	SB	13.03.17	Erl.
	3.2		**Baukran**			
01		13.03.17	Für die Arbeiten ist ein größerer Baukran erforderlich, als der bereits angebotene der Fa. xxxxx. UNIV hat Angebot bei der Fa. xxxxx angefordert, dieses soll bis zum 14.03.17 vorliegen, danach Entscheidung. Zeitnahe Vergabe erforderlich.	UNIV	14.03.17	Offen

PROTOKOLL NUMMER	LFD. NR.	DATUM	BAUTEIL	TEXT	WER	WANN	STATUS
	3.3			**Hohlwände**			
01		13.03.17		Der beste Preis wurde noch nicht ermittelt, SB stellt Mengen zusammen, Pläne und Statik in den Datenraum, UNIV holt Preise bei xxxx ein, danach vergleich und finale Gespräche mit den Bietern.	SB UNIV	14.03.17	Offen
	3.4			**Stahl**			
01		13.03.17		Warten auf Bewehrungspläne, diese wurden zugesichert für Anfang KW 11, noch liegen keine Pläne vor. Danach mit Stahllisten finale Preise anfragen und Firma festlegen.	SB UNIV	KW 11	Offen
	3.5			**Baustellen WC**			
01		13.03.17		Angebote vergleichen	SB UNIV	14.03.17	Offen
	3.6			**Arbeitsleistung**			
01		13.03.17		Erstes Vergabegespräch mit Fa. xxxxx am 13.03.17, will pauschalieren bei 130.000 EUR mit 4 Mann plus einen Eisenflechter für 18 Wochen Bauzeit. Benötigt Pläne noch als Datei und einen Grobterminplan.	SB UNIV	14.03.17	Offen
	3.7			**Baucontainer**			
01		13.03.17		Klärung mit Bauherr erforderlich.	SB	15.03.17	Offen

<u>Aufgestellt:</u>

München, 14.03.2017

Maximilian Schröck

ANLAGE 06 – TODO-LISTE

2 DO LISTE BV VALL
Rainer Mustermann

- Anzeige der Nutzungsaufnahme beim Bauamt
- Zusammenstellung Unterlagen für Nutzungsaufnahme
- Info Brandschutzkonzept an VALL
- Nachhaken Angebot Sanitär für Wohnung 1 und 6, Federl
- Nachhaken Fliesenbemusterung Federl
- Prüfen Baubeschreibung hinsichtlich Putzqualität Wohnungen
- Oberfläche Estrich Federl WE1 Tropfstellen: Spachtelung veranlassen
- Steigungsverhältnis Treppe WE1 beachten
- Lösungsvorschlag Bereich neben Podest WE1 mit Federl abstimmen
- Umlegung ELT-Verteilung WE1 vom Flur in die Speisekammer veranlassen
- Anfordern Angebot für Glasbrüstung WE1
- Einbau Herddose WE 2 Küche veranlassen
- Verbreiterung der Dusche OG WE 2 auf 90x90 veranlassen, Kosten geben lassen
- Übergangslösung Briefkasten Karner organisieren
- Mehrkosten ELT WE4 an Karner kommunizieren
- Mehrkosten HLS WE4 an Karner kommunizieren
- Angebot Verschattung an MS weiterleiten
- Organisation Fensterbretter WE 4
- Abschluss der Notausgangsöffnung beauftragen WE4
- Mietersuche WE9
- Klärung Fördermittel Ausgrabungen mit der Stadt LL
- Brandschutzkonzept Vordergebäude
- Veranlassung Abbau Silos
- BE-Fläche Vorderer Anger Räumen, Bauzaun abbauen lassen.

ANLAGE 07 – REGIEBERICHT

STUNDENLOHNZETTEL NR: Baustelle:

zu Lasten von:

(Auftraggeber mit genauer Anschrift)

Datum	Gearbeitet haben Name	Berufs-schl.	Gearb. Std.	Über-std.	Nacht-Std. *	Sonntag Std. **	Sonst.	Art der Arbeitsleistung

Berufsschlüssel: 1 Polier   2 Vorarbeiter   3 Facharbeiter   4 Fachwerker   5 Kranführer   * 20 Uhr bis 5 Uhr   ** bzw. Feiertagstunden

Verbrauchsmaterial			Vorhaltematerial			Gerätevorhaltung		Sonstiges
Menge	ME	Bezeichnung	Menge	ME	Bezeichnung	Std.	Bezeichnung	

Ort, Datum, Unterschrift

Auftraggeber:

Ort, Datum, Unterschrift

Stundenlohnzettel (Taglohnberichte), die nicht innerhalb von 6 Werktagen zurückgegeben sind, gelten als anerkannt

ANLAGE 08 – RECHNUNGSPRÜFBLATT

Rechnungsfreigabe

BV:

Neubau und Sanierung Brudergasse / Vorderer Anger
Vorderer Anger / Brudergasse
86899 Landsberg am Lech

Auftraggeber:

MUSTERBAUHERR
Musterstraße 123
12345 Musterstadt

Leistung:	Generalübernehmer
Auftragnehmer:	SCHRÖCK Bau GmbH

Zahlungsfreigabe	Skonto:	Zahlungsziel:	Zahlungstermin:	
1. AZ	kein Skonto	**6 AT**	26.07.19	

Rechnungsnummer	vom	Eingang	geprüft am:	von
SB-0001-2019	19.07.19	20.07.19	21.07.19	MS

	Prozent	netto		
Auftragsumme ohne Nachlässe und Skonto		2.100.000,00		
Zusatzauftrag 1		15.000,00		
Regiearbeiten gem. Aufstellung		5.000,00		
Zwischensumme		**2.120.000,00**		
Preisnachlass gemäß Vertrag in %	0,00	0,00		
Gesamtauftrag inkl. Zusatzleistungen		**2.120.000,00**		
Gestellte Rechnungssumme		25.000,00		
Geprüfte Rechnungssumme		24.000,00		
Preisnachlass gemäß Vertrag in %	0,00	0,00	19 % MwSt	brutto
Anerkannte Leistung		24.000,00	4.560,00	28.560,00
Abzüge gemäß Vertrag				
Sicherheitseinbehalt in %	0,00			
Bauleistungsversicherung in %	0,00			
Strom / Wasser in %	0,00			
Zwischensumme nach Abzügen aus Vertrag		24.000,00		
Abzüge aus Belastungen etc.				
Abzüge gem. Aufstellung		-7.666,40		
Zwischens. nach Abzügen aus Belastungen		16.333,60		
Bisherige Zahlungen:		0,00		
Zwischensumme		16.333,60	3.103,38	19.436,98
Skonto in %	0,00	0,00	0,00	0,00
Rechnungssumme freigegeben:		16.333,60	3.103,38	**19.436,98**

Freigabe   Freigabe AG

NOTIZEN